David Kirchbach

Der Einfluss von Serotonin auf den menschlichen Körper

GRIN Verlag

Bibliografische Information der Deutschen Nationalbibliothek:

Die Deutsche Bibliothek verzeichnet diese Publikation in der Deutschen Nationalbibliografie; detaillierte bibliografische Daten sind im Internet über http://dnb.d-nb.de/ abrufbar.

Impressum:

Druck und Bindung: Books on Demand GmbH, Norderstedt Germany
ISBN: 978-3-656-95292-3

Dieses Buch bei GRIN:

http://www.grin.com/de/e-book/298841/der-einfluss-von-serotonin-auf-den-menschlichen-koerper

Rudolf - Hildebrand - Schule
Gymnasium Markkleeberg
Abiturjahrgang 2017

Facharbeit Biologie

Der Einfluss von Serotonin auf den menschlichen Körper

Verfasser/in: David Kirchbach K
Abgabetermin: 06. Februar 2015

Inhaltsverzeichnis

1. Einführung Serotonin

1.1 Vorwort und Zielstellung

Die folgende Arbeit beschäftigt sich mit dem Gewebshormon und dem Neurotransmitter Serotonin. Ein Gewebshormon, auch Zellhormon genannt, ist ein Hormon, ein Botenstoff im menschlichen Körper, welches seine Wirksubstanz auf die direkt benachbarte Zelle übergibt, indem es direkt an die Rezeptoren (siehe: 1.4 Serotonin als Neurotransmitter) der Zielzelle gelangt, ohne erst einmal über die Blutbahn zu wandern. Ein Neurotransmitter hingegen ist ein Botenstoff im menschlichen Nervensystem, welcher sich dadurch von einem Hormon unterscheidet, dass er erstens innerhalb von Millisekunden wirken kann, und somit viel weniger Zeit benötigt um eine Wirkung zu entfalten, und zweitens, dass dies nicht über die Blutbahn verläuft, sondern über bioelektrische Impulse und biochemische Prozesse entlang des Nervensystems. Serotonin ist insofern eine wichtige Substanz in unserem Körper, da sie vor allem zum Großteil unsere psychische Gefühlslage bestimmt, ob wir glücklich sind und uns wohl fühlen, oder ob wir deprimiert sind und uns ängstlich und aggressiv verhalten, so die Theorie. Ab dem Punkt 2 (Entstehung von Serotonin) wird sich die Arbeit nur noch auf Serotonin in Form eines Neurotransmitters beziehen, da diese für die Zielsetzung der Arbeit ausschlaggebend ist.

Zur Zielstellung gehören die Fragen, wie stark der Einfluss von Serotonin auf die tatsächliche Gefühlslage eines Menschen sein kann, wie dies in der Medizin genutzt wird, wie man demzufolge am effektivsten eine chronisch-klinische Depression dauerhaft behandeln kann, und welche Wege abzuraten sind (die Fragen bauen aufeinander auf). Ausgangspunkt des Krankheitsbildes ist ein nachgewiesener Serotoninmangel. Zum Verständnis dient eine ausführliche Vorstellung des betroffenen Botenstoffes Serotonin.

1.2 Einführung

Serotonin (5-Hydroxytryptamin; 5HT) ist ein biogenes Amin, welches in Pflanzen, Tieren und Menschen vorkommt. In der Pflanzenwelt kommt es ganz natürlich vor, Walnüsse beispielsweise gehören mit bis zu 300 µg/g Serotonin zu den serotoninhaltigsten Pflanzen der Erde. Aber auch in Bananen, Ananas, Pflaumen, Kiwis und Kakao befinden sich kleine Mengen an Serotonin.[1] Im menschlichen Körper ist Serotonin, neben den wichtigen Funktionen als Gewebshormon, vor allem als Neurotransmitter in physiologische Funktionen und psychische Verhaltensabläufe eingebunden, und zählt zu den wichtigsten Botenstoffen im zentralen Nervensystem.[2] In der Natur ist Serotonin weit verbreitet und kommt im Tierreich in fast allen Spezies vor. Im menschlichen Organismus kommt die größte Menge im Magen-Darm-Trakt vor (≈95%), wo es hauptsächlich die Darmbewegung reguliert. 90% der 95% werden von den enterochromaffinen Zellen, die sich im Epithelgewebe des Verdauungstrakts befinden, gespeichert, und bilden dort selbstständig Serotonin als Gewebshormon, welches der Steuerung des Magen-Darm-Traktes dient. Die restlichen 5% der 95% sind in den Neuronen als Nervenüberträgerstoff des Darmnervensystems vorhanden, wo sie die Darmbeweglichkeit und den Transport des Nahrungsbreis durch wechselnde Anspannung und Entspannung des Darms fördern.[3] Serotonin ist geringen Mengen ebenfalls im Herz-Kreislauf-System sowie im Blut vorhanden, wo es ausschließlich als Bestandteil der Thrombozyten vorkommt. Wenn ein Blutgefäß beispielsweise verletzt wird, setzen die Thrombozyten das Serotonin frei, welches daraufhin das Gefäß verengt und somit einen Verschluss des Gefäßes durch eine Verklumpung von Blutplättchen ermöglicht. Das restliche Serotonin befindet sich im Zentralnervensystem als Neurotransmitter (≈5%), wo es trotz der vergleichsweisen geringen Menge dennoch einen starken Einfluss auf den menschlichen Körper, und vor allem auf die Psyche, hat. Hergestellt wird es per enzymatischer Decarboxylierung aus der essentiellen Aminosäure Tryptophan und den Enzymen Tryptophanhydroxylase (TPH) und Aromatische-L-Aminosäure-Decarboxylase (AADC), und zählt somit zu den biogenen Aminen.[4] Reines Serotonin kann die Blut-Hirn-Schranke nicht überwinden, was heißt, dass im Zentralnervensystem befindliches Serotonin auch nur dort produziert werden kann mithilfe von Tryptophan. Dies erschwert die Behandlung von klinischen Depressionen, die auf einen Serotoninmangel zurückzuführen sind, enorm, da

---

[1] Vgl. Gugg, Holger: Serotonin – Wichtig für körperliche / geistige Gesundheit. http://www.peak.ag/blog/serotonin-%E2%80%93-wichtig-fur-die-korperliche-geistige-gesundheit (abgerufen 26.11.14)

[2] Vgl. Gleiter, Christoph H. Prof. Dr.; Volz Hans-Peter Dr.; Möller, Hans-Jürgen Prof. Dr.: Serotonin-Wiederaufnahmehemmer. Wissenschaftliche Verlagsgesellschaft mbH Stuttgart. Stuttgart 1999. S.14

[3] Vgl. Antwerpes, Frank Dr.: Enterochromaffine Zelle. http://flexikon.doccheck.com/de/Enterochromaffine_Zelle (abgerufen 26. November 2014)

[4] Vgl. S., Kang: Characterization of rice tryptophan decarboxylases in serotonin biosynthesis in transgenic rice. http://www.ncbi.nlm.nih.gov/pubmed/17763868 (abgerufen 15. November 2014)

somit nur die einzelnen Bausteine zur Serotoninherstellung dem Körper zugeführt werden, aber die Produktion selbst nicht kontrolliert werden kann.

1.3 Serotonin als Gewebshormon

Serotonin zeichnet sich durch seine vielen Wirkungsweisen aus, was dank der vielen verschiedenen Rezeptoren ermöglicht wird. Als Hormon im ganzen Herz-Kreislauf-System verdankt es auch seinen Namen (als Teil des **Serums** reguliert es den **Tonus** (Spannung) der Gefäße), da es den Blutdruck je nach Organ steuert. Die Wirkung liegt darin, die Blutgefäße durch das Zusammenziehen (Kontraktion) und Entspannen (Relaxation) der glatten Muskulatur der Gefäße zu verengen und zu erweitern. In der Skelettmuskulatur beispielsweise entsteht nach Einfluss von Serotonin, indem es die Rezeptoren besetzt, eine Gefäßerweiterung, um eine stärkere Durchblutung zu erreichen. Den gegenteiligen Effekt resultiert es in Lunge und Niere, wo nach Serotonineinwirkung die kleinen Blutgefäße verengt werden.[5]

Neben dem Auftreten in den eben genannten Körperregionen tritt Serotonin auch zum Großteil im Magen-Darm-Trakt vor. Dort wird das Hormon durch den erhöhten Druck im Darminneren nach der Nahrungszufuhr ausgeschüttet, und somit die Peristaltik angetrieben, welche die Verdauung sowie die Nahrungspassage antreibt (durch Kontraktion und Relaxation). Bezüglich der Blutgerinnung fördert Serotonin durch Verengung des Blutgefäßes und durch erhöhte Verklumpung der Blutplättchen die Gerinnung. Diese Wirkungen verlaufen auch über den gewebshormonalen Wirkmechanismus von Serotonin als Botenstoff.[6]

1.4 Serotonin als Neurotransmitter

Um elektrische Reize von Nerv zu Nerv zu übertragen, sind Neurotransmitter wie Serotonin nötig. Dazu schickt der gereizte Nerv einen solchen Transmitter zum synaptischen Spalt, an dem dann auch der Übergang zum benachbarten Nerv stattfindet. Der Botenstoff bindet sich am postsynaptischen Spalt an einen entsprechenden Rezeptor des Nachbarnervs, wo dann ein elektrisches Signal ausgelöst wird, was auf diese Weise von

---

[5] Vgl. Gumpert, Nicolas Dr.: Serotonin. http://www.dr-gumpert.de/html/serotonin.html (abgerufen 01. Dezember 2014)

[6] Vgl. Gumpert, Nicolas Dr.: Serotonin. http://www.dr-gumpert.de/html/serotonin.html (abgerufen 15. Dezember 2014)

Neuron zu Neuron weitergeleitet wird. In seiner Funktion als Neurotransmitter im synaptischen Spalt fördert Serotonin einerseits die Darmbeweglichkeit über das Darmnervensystem, andererseits reguliert es aber auch über das zentrale Nervensystem viele verschiedene Abläufe, wie zum Beispiel die Stimmung, das Wohlbefinden, den Schlaf-Wach-Rhythmus, das Schmerzempfinden, den Appetit etc. Um einen Reiz weiterleiten zu können, sind bestimmte Rezeptoren nötig, die diese Botenstoffe aufnehmen und ein biochemisches Signal an das zuständige Neuron senden. Damit sich ein solcher Reiz nicht unkontrolliert in allen Körperregionen an den falschen Stellen verbreitet, befinden sich nur in den gewünschten Köperregionen bestimmte Rezeptoren, die nur auf bestimmte oder nur auf einen bestimmten Botenstoff reagieren. Im diesem Fall gibt es für Serotonin 7 verschiedene Rezeptorgruppen ($5\text{-}HT_1$ bis $5\text{-}HT_7$), die sich nochmals jeweils in Untergruppen (bspw.: $5\text{-}HT_{1A,\ 1B,\ 1D,\ 1E,\ 1F}$) unterteilen lassen.[7] Jede Rezeptorgruppe befindet sich an einem anderen Ort und erzielt eine andere Wirkung. Die Rezeptoren, die für die oben genannten Wirkungen verantwortlich sind, lauten $5\text{-}HT_{1A}$ (Stimmung und Wohlbefinden), $5\text{-}HT_{2A}$ (Stimmung und Wohlbefinden), $5\text{-}HT_{2C}$ (Essverhalten), $MT_{1,2}$ (über Melatonin Schlaf-Wach-Rhythmus).[8]

Ursprung dieses Transmitters sind die Zellkörper serotonerger Nervenbahnen in den sogenannten Raphe-Kernen[9], die sich über den gesamten Hirnstamm verteilen und deren Axone (verbindender Fortsatz der Neuronen) in alle Teile des Gehirns ausstrahlen.[10] Zu den bekanntesten neuronalen Wirkungen von Serotonin im Zentralnervensystem gehört die Auswirkung auf die Stimmungslage, weswegen es auch im Volksmund als oftmals als „Glückshormon" bezeichnet wird. Der Neurotransmitter führt über eine Stimulation bestimmter Regionen der Großhirnrinde, die für die emotionale Regulation verantwortlich sind, im Wesentlichen zu einer Hemmung der Impulsivität und des depressiven Empfindens. Das Gefühl der Angst, Aggressivität, Kummer und der depressiven Verstimmung wird durch Serotonin reduziert, und das Gefühl der Gelassenheit, Zu-

---

7 Vgl. Kroeze: The molecular biology of serotonin receptors: therapeutic implications for the interface of mood and psychosis. http://www.ncbi.nlm.nih.gov/pubmed/9836016?dopt=Abstract (abgerufen 22. Dezember 2014)

8 Vgl. Melatonin-Rezeptor-Agonisten. http://www.pharmawiki.ch/wiki/index.php?wiki=Melatonin-Rezeptor-Agonisten (abgerufen 22. Dezember 2014)

9 Vgl. Frye, Monica Dipl.-Psych.: Serotonin (Gewebshormon, Neurotransmitter). http://www.psychologielexikon.com/266-serotonin-gewebshormon-neurotransmitter (abgerufen 21. Dezember 2014)

10 Vgl. Raue, Wiebke: Serotonin Wirkung. http://www.onmeda.de/anatomie/serotonin-wirkung-16653-2.html (abgerufen 21. Dezember 2014)

friedenheit, der inneren Ruhe und des Wohlbefindens dominiert. Ein erhöhter Serotoninspiegel aber, welcher beispielsweise durch eine Überdosierung an SSRI (Selektives-Serotonin-Wiederaufnahme-Hemmer) zustande kommt und aus der eine Überstimulierung der postsynaptischen serotonergen Rezeptoren resultiert, kann zu einem Serotonin-Syndrom führen, welches sich vor allem durch Unruhe, Halluzinationen, Krämpfe, Störungen des autonomen Nervensystems und Übelkeit auszeichnet. Durch eine eventuell rasch ansteigende Körpertemperatur auf bis zu 41°C kann ein solches Syndrom auch lebensbedrohlich werden.[11]

Andersherum betrachtet lassen sich hauptsächlich depressive Verstimmungen meist neurochemisch auf einen Mangel an Serotonin zurückführen. Ist nicht genug Serotonin im Zentralnervensystem vorhanden, wird nach einiger Zeit unser Gefühlsleben stark beeinträchtigt, und wir verfallen im schlimmsten Fall in ernsthafte Depressionen, welche dann psychologisch oder psychiatrisch behandelt werden müssen.[12] Symptome dafür können beispielsweise Angst, Schizophrenie, Stimmungsschwankungen, Essstörungen und Schlafstörungen sein.[13] Um einem solchen Krankheitsbild vorzubeugen, gibt es viele Medikamente, die in Richtung Antidepressiva gehen. Beispiele dafür sind SSRI (Selektives-Serotonin-Wiederaufnahme-Hemmer) und MAO-Hemmer (Monoaminooxidase-Hemmer). SSRI basiert eher auf dem Wirkmechanismus die Wiederaufnahme des Serotonins im synaptischen Spalt von der Präsynapse zu verhindern, während MAO-Hemmer verhindern, dass sich Enzyme, die für den Abbau von Serotonin zuständig sind, bilden und trotz einem schon niedrigen Serotoninspiegels weiter wirken können.

2. Entstehung von Serotonin

Serotonin bildet sich wie schon erwähnt aus der essentiellen Aminosäure L-Tryptophan, dem biochemischen Enzym Tryptophanhydroxylase (TPH) und der Aromatischen-L-Aminosäure-Decarboxylase (AADC). Diesen Prozess der Biosynthese nennt man auch enzy-

[11] Vgl. Gensthaler, Brigitte M.: Lebensbedrohlicher Überschuss. http://www.pharmazeutische-zeitung.de/index.php?id=43232 (abgerufen 22. Dezember 2014)

[12] Vgl. Serotonin – Werden Sie zum Meister Ihres Seelenlebens. http://www.zentrum-der-gesundheit.de/serotonin-ia.html (abgerufen 22. Dezember 2014)

[13] Vgl. Baeseler, Jens: Serotoninmangel. http://www.serotoninmangel.net (abgerufen 22. Dezember 2014)

matische Decarboxylierung.[14] Bei Serotonin endet die Synthetisierung von Tryptophan aber noch nicht, da Serotonin noch weiterverarbeitet werden kann zum bekannten Schlafhormon Melatonin, welches hauptsächlich den Tag-Nacht-Rhythmus des Menschen steuert. Aus diesem Grund können bei einer schweren chronischen Depression auch folglich Schlafstörungen auftreten. Die Entstehung von Serotonin erfolgt im Zentralnervensystem in den Raphe-Kernen, die im unteren Hirnstamm sitzen und über bestimmte Nervenfaserbahnen im ganzen Hirn, vor allem in den limbischen Zentren, das „Glückshormon“ Serotonin verteilen.[15]

2.1 L-Tryptophan

L-Tryptophan gehört zu den 8 essentiellen Aminosäuren, was bedeutet, dass L-Typtophan zwar im genetischen Code angelagert ist (UGG), aber sie nur durch Nahrung aufgenommen werden kann.[16] Das „L“ vor dem „Tryptophan“ kennzeichnet nach dem Gesetz der Fischer-Projektion die zweidimensionale, visuelle, räumliche Anordnung des Moleküls. Es ist die einzig verwendbare Aminosäure bei der Herstellung von Serotonin und somit auch äußerst notwendig um Stimmungsschwankungen, Angst- und Aggressionsstörungen, Depressionen und allgemein ein gestörtes psychisches Wohlbefinden vorzubeugen. Natürlich ist ein plötzlicher Überkonsum von tryptophanhaltigen Nahrungsmitteln auf kurze Dauer nicht ausschlaggebend und entfaltet nur wenig Wirkung auf unsere Stimmung, jedoch lässt sich in der heutigen Zeit zeigen, dass gerade durch Faktoren wie ungesunde Ernährung, Stress und Hektik, die mittlerweile oft unseren Alltag bestimmen, unser Tryptophanbedarf nicht ausreichend gedeckt werden kann, woraus über einen längeren Zeitraum ernsthafte Krankheiten resultieren können.
Da Tryptophan nicht wasserlöslich und enorm hitzeresistent ist, geht es beim Kochen entsprechender Nahrungsmittel nur geringfügig verloren.[17]

siehe Anhang für Tabelle: „Tryptophanhaltige Lebensmittel“

---

[14] Vgl. S., Kang: Characterization of rice tryptophan decarboxylases in serotonin biosynthesis in transgenic rice. http://www.ncbi.nlm.nih.gov/pubmed/17763868 (abgerufen 15. November 2014)

[15] Vgl. Roth, Gerhard: Bildung braucht Persönlichkeit: Wie Lernen gelingt. Klett-Cotta. 2011. S.53

[16] Vgl. Gasteiger, J. Prof. Dr.; Schunk, A. Dr.: Proteinogene Aminosäuren. http://www2.chemie.uni-erlangen.de/projects/vsc/chemie-mediziner-neu/aminosaeuren/prot-as.html (abgerufen 30. Dezember 2014)

[17] Vgl. L-Tryptophan. http://xn--aminosure-02a.org/aminosaeuren/l-tryptophan (abgerufen 30. Dezember 2014)

2.2 Tryptophanhydroxylase

Dieser komplexe Name bezeichnet das Enzym, welches essentiell für die Biosynthese von Serotonin ist. Es wird hauptsächlich in 2 Gruppen, in sogenannten Isoformen, unterteilt: TPH1 und TPH2. TPH1 wird in Zellen der Monozyten, der Lymphozyten, der Lunge und der enterochromaffinen Zellen gebildet und vorgefunden.[18] Letztendlich wurde es aber nicht im Hirn gefunden, weswegen es für die neuronale Funktion von Serotonin nicht benötigt wird, sondern für die periphere und gewebshormonale Funktion im Körper. Viel eher ist die später entdeckte Isoform TPH2 für die Produktion von Serotonin im Zentralnervensystem als Neurotransmitter wichtig, da diese Isoform auch in den Raphe-Kernen im Hirn vorkommt und Teil des zentralen Nervensystems ist.[19] Das Gen für TPH2 liegt auf Chromosom 12 und erstreckt sich über rund 93.600 Basenpaare. Die Anti-Codon-Kopie nach der Transkription hat wiederum eine Länge von 2360 Basenpaare und ist 490 Aminosäuren lang.

2.3 Aromatischen-L-Aminosäure-Decarboxylase (AADC)

Die Aromatischen-L-Aminosäure-Decarboxylase (AADC), auch Hydroxytryptophan-Decarboxylase genannt, kommt im 2. Schritt der Serotoninsynthese zum Einsatz. Das im ersten Schritt entstandene Zwischenprodukt 5-Hydroxytryptophan, welches sich aus der Synthese zwischen L-Tryptophan und Tryptophanhydroxylase entwickelt hat, wird nun zum Abschluss mithilfe des Enzyms AADC weiter zum Endprodukt der Serotoninsynthese, dem 5-Hydroxytryptamin (Serotonin), decarboxyliert.[20]

3. Serotonin in Anti-Depressiva

Es ist unumstritten, dass Serotonin sich auf unser Glücksgefühl und Wohlbefinden regelrecht unumgänglich auswirkt. Natürlich macht sich die Medizin und Pharmaindustrie dies zunutze, und sieht diesen Neurotransmitter als wichtigsten Ansatz zur Bekämpfung physischer Erkrankungen, welche auf einen Mangel unseres Wohlbefindens und

---

[18] Vgl. Walther DJ; Peter JU; Bashammakh S; Hörtnagl H; Voits M; Fink H; Bader M: Synthesis of serotonin by a second tryptophan hydroxylase isoform. Januar 2003.

[19] Vgl. Coon H.: Possible association between autism and variants in the brain-expressed tryptophan hydroxylase gene (TPH2). http://www.ncbi.nlm.nih.gov/pubmed/15768392 (abgerufen 06. Januar 2015)

[20] Vgl. Côté, Francine: Disruption of the nonneuronal tph1 gene demonstrates the importance of peripheral serotonin in cardiac function. http://www.ncbi.nlm.nih.gov/pmc/articles/PMC263847 (abgerufen 01.02.2015)

Glücksgefühls zurückzuführen sind. Ein solches Medikament wird in der Regel in Form eines Antidepressivas vermarktet und eingesetzt. Wie der Name schon sagt, soll es behilflich sein eine Depression im Laufe einer recht langen Behandlungsperiode zu mindern und darüber hinaus zu heilen. Problematisch bei allen dieser Antidepressiva ist die schnelle Antriebssteigerung, welche vor allem bei Kindern und Jugendlichen zur unüberlegten Umsetzung von Selbstmordgedanken führen kann (Bei MAO-Hemmern eher als bei SSRI). Deswegen werden solche Medikamente nur unter strenger Aufsicht in Klinken verabreicht. Die folgenden Medikamente sind alle verschreibungspflichtig und dürfen für Kinder und Jugendliche ohne ärztliche Aufsicht nicht zugänglich sein![21]

3.1 Selektive Serotonin-Wiederaufnahmehemmer (SSRI)

Das wohl bekannteste und am häufigsten eingesetzte Heilmittel zur Bekämpfung von klinischen Depressionen ist der „Selektive Serotonin-Wiederaufnahmehemmer". Dieser ist ein Medikament, welches gezielt den Serotoninspiegel im Zentralnervensystem im synaptischen Spalt zwischen den Neuronen erhöht und auf Dauer aufrechterhalten soll. Anders als bei beispielsweise trizyklischen Antidepressiva, welche meist die Konzentration mehrerer verschiedenen Neurotransmitter unkontrolliert mit modifizieren, wirkt der SSRI, wie schon der Name sagt, „selektiv", da er nur eine Substanz, in diesem Fall Serotonin im Gehirn, gezielt vervielfacht.

3.1.1 Funktionsweise

Die Funktionsweise dieses Medikaments basiert auf der Wiederaufnahme von Botenstoffen im präsynaptischen Spalt. Im Normalfall wird das Serotonin über das präsynaptische Endknöpfchen in den synaptischen Spalt freigesetzt, im dem ein Teil weiter in die Postsynapse übergeht, der Rest aber wieder in das Endknöpfchen aufgenommen wird um im ursprünglichen Neuron in Vesikeln aufbewahrt werden zu können.[22] Um die Konzentration von Serotonin im synaptischen Spalt bei einer klinischen Depression bei-

---

[21] Vgl. Huesmann, Anette: SSRI - Die nächste Generation der Antidepressiva. http://www.focus.de/gesundheit/ratgeber/depression/therapie/antidepressiva/ssri_aid_16962.html (abgerufen 01.02.2015)

[22] Vgl. Gleiter, Christoph H. Prof. Dr.; Volz Hans-Peter Dr.; Möller, Hans-Jürgen Prof. Dr.: Serotonin-Wiederaufnahmehemmer. Wissenschaftliche Verlagsgesellschaft mbH Stuttgart. Stuttgart 1999. S.17

spielsweise zu steigern, muss die Wiederaufnahme der Neurotransmitter in das präsynaptische Endknöpfchen gehemmt werden.

3.1.2 Nebenwirkungen

SSRI wirkt auf den Körper extrem antriebssteigernd, was zu Beginn einer Therapie zu Hyperaktivität, Nervosität und Schlafstörungen führen kann. Zudem folgen häufige Nebenwirkungen im Margen-Darm-Trakt, wie beispielsweise Übelkeit, Erbrechen und Durchfall. Bei Kombination mit anderen Antidepressiva sind Blutungen im Darm nicht auszuschließen und die Wahrscheinlichkeit dafür steigt bis auf das 9,1-fache. Man geht davon aus, dass die Beigabe von Serotonin im Darm die Serotoninspeicherung in den Thrombozyten vermindert, und somit eine erhöhte Blutungsneigung ausgelöst wird[23]. Weitere, eher ungefährliche Nebenwirkungen sind Schwindel, Zittern, einen trockener Mund und Schweißanfälle.[24] Allerdings treten bei Behandlungen mit SSRI oftmals gar keine Nebenwirkungen auf.

3.2 Monoaminooxidase-Hemmer (MAO-Hemmer)

Diese Art von Antidepressiva beruht auf der Senkung der Konzentration solcher Enzyme, die Monoamine wie Serotonin, Noradrenalin, Dopamin etc. in den verschiedenen Endknöpfchen der Neuronen nacheinander abbauen. Dieses Abbausystem hat bei gesunden Menschen einen Sinn, da ohne den Abbau dieser Monoamine nach deren Anhäufung schwere Komplikationen auftreten würden, wie beispielsweise ein Serotonin-Überschuss oder die Anreicherung körperfremder Monoamine, welche eine Vergiftung verursachen können. Bei kranken Menschen, die unter einem starken Mangel an diesen Monoaminen leiden, kann jedoch ein solcher natürlicher Abbauprozess negativ wirken und das Krankheitsbild in seiner Wirkung verstärken. MAO-Hemmer werden jedoch in der Regel nur bei schweren klinischen Depressionen eingesetzt, und können in Kombination mit dem SSRI im Ernstfall zu einem Überschuss an Serotonin und somit zu einem Serotonin-Syndrom führen. Eine solche Kombination endet häufig sogar tödlich.

---

[23] Vgl. Gleiter, Christoph H. Prof. Dr.; Volz Hans-Peter Dr.; Möller, Hans-Jürgen Prof. Dr.: Serotonin-Wiederaufnahmehemmer. Wissenschaftliche Verlagsgesellschaft mbH Stuttgart. Stuttgart 1999. S.147

[24] Vgl. Gleiter, Christoph H. Prof. Dr.; Volz Hans-Peter Dr.; Möller, Hans-Jürgen Prof. Dr.: Serotonin-Wiederaufnahmehemmer. Wissenschaftliche Verlagsgesellschaft mbH Stuttgart. Stuttgart 1999. S.140

3.2.1 Funktionsweise

Generell wird das Enzym Monoaminooxidase in 2 Formen unterschieden, MAO-A und MAO-B. MAO-A ist für den Abbau von Serotonin, Noradrenalin und Dopamin, den sogenannten „Glückshormonen", verantwortlich, während MAO-B vorwiegend Benzylamin und Phenylethylamin abbaut. Diese 2 Substanzen sind schlichte Vorgängerstoffe der oben genannten Monoamine.[25] Bei den MAO-Hemmern wird zwischen 2 Formen, selektiv und nicht-selektiv, unterschieden. Die selektive Form hemmt nur eine der beiden MAO-Typen, entweder MAO-A oder MAO-B, während die nicht-selektive Form beide Typen hemmt. Aufgrund ihres breiten Wirkungsspektrums weist die nicht-selektive Form aber oftmals viele Nebenwirkungen auf.[26]

Durch die gezielte Hemmung der Monoaminooxidase-Enzyme kommt es zur Anreicherung an Monoaminen, welche folglich mit einer, biochemisch gesehen, positiven Auswirkung auf den Erkrankten wirkt. Die Wirkung des Medikaments besteht also hauptsächlich darin, dass es den Abbau der körpereigenen antriebssteigernden und aufputschenden Monoamine hemmt, sodass diese länger und stärker wirken können.

3.2.2 Nebenwirkungen

MAO-Hemmer werden heutzutage nicht mehr so oft verschrieben und eingesetzt, da sie einige Nebenwirkungen zur Folge haben können und mit anderen Medikamenten und bestimmten Nahrungsmitteln nicht kombiniert werden dürfen. Dazu gehören auch übliche Nahrungs- und Genussmittel wie Bananen, Ananas, Alkohol und vor allem koffeinhaltige Substanzen (Kaffee, Cola, Kakao etc.), da diese meist eine zu hohe Konzentration an Monoaminen enthalten, welche in Wechselwirkung mit diesem Antidepressivum zu gefährlichen Monomain-Überschüssen im Körper führen können.[27] Ebenso kann die zusätzliche Einnahme von Drogen wie Amphetamin, Kokain oder Ecstasy die Freisetzung von Serotonin in den Neuronen stark erhöhen und dementsprechend einen Sero-

---

[25] Vgl. Kass, Franz Dr.: Phenethylamin. http://flexikon.doccheck.com/de/Phenethylamin (abgerufen 29. Januar 2015)

[26] Vgl. Bergemann, Niels PD Dr. med. Dr. rer. pol. Dipl.-Psych.: Antidepressiva in der Schwangerschaft. http://www.kup.at/kup/pdf/7919.pdf (abgerufen 29. Januar 2015)

[27] Vgl. Bergemann, Niels PD Dr. med. Dr. rer. pol. Dipl.-Psych.: Antidepressiva in der Schwangerschaft. http://www.kup.at/kup/pdf/7919.pdf (abgerufen 31. Januar 2015)

tonin-Überschuss verursachen. Daraus folgt ein massenhafter Verbrauch an neuronalen Serotonin-„Vorräten", was zur direkten Folge wieder einen Serotonin-Mangel hat und auf Dauer depressive Gefühlslagen verursachen kann.[28]

Des Weiteren wird von einer Kombination mit anderen serotonerg wirksamen Antidepressiva strengstens abgeraten, da diese Aufdosierung einen Serotonin-Überschuss im Gehirn verursacht, und somit wieder zu einem Serotonin-Syndrom führen kann.

Weitere eher harmlose Nebenwirkungen können unter anderem Bluthochdruck, innere Unruhe, Schlafstörungen, Übelkeit, Schwindel, etc. sein.[29]

4. Fazit

Wenn Trauer, Antriebslosigkeit, Unwohlsein als Symptome oder eine chronische Depression als Krankheit festgestellt werden, muss dies nicht unbedingt nur von einem einzigen Transmitter abhängen. Natürlich fließen aus biochemischer Sicht noch weitere Substanzen in die Stimmungslage mit ein, wie beispielsweise Dopamin und Noradrenalin, aber auch aus psychischer Sicht haben Lebenseinstellung, das soziale Umfeld und natürlich die Ernährung zudem noch sehr viel Einfluss. Man kann also keine genaue Formel aufstellen, welche anhand des Serotoninspiegels besagt, wie glücklich ein Mensch ist. Und vielleicht spielt Serotonin nicht unbedingt die einzige Rolle, aber dennoch spielt es eine große und vor allem sehr wichtige Rolle, was heutzutage leicht nachweisbar ist. Unzählige Fälle von klinischen Depressionen führen auf einen Serotoninmangel im Gehirn zurück oder verursachen diesen, was dazu geführt hat, dass genau dieser Neurotransmitter in der Medizin der wichtigste Anhaltspunkt zur Bekämpfung von Depressionen wurde und heute noch ist. Deswegen greifen viele Menschen in Notsituationen auch zu ähnlich wirkenden Drogen, da serotonerge Medikamente im Normalfall verschreibungspflichtig sind und manche erst gar nicht ohne ärztliche Aufsicht verabreicht werden. Dennoch geht der Konsum von solchen Präparaten natürlich nach Hinten los, da serotonerge Drogen nur die Freisetzung von Serotonin erzwingen, die Rezeptoren empfindlicher wirken lassen und die Wiederaufnahme in die Präsynapse

[28] Vgl. Strobach, Dorothea: Klinisch relevante Interaktionen zwischen Analgetika und Psychopharmaka. http://www.aerztekammer-bw.de/10aerzte/20fortbildung/20praxis/88arzneimitteltherapie/1203.pdf (abgerufen 31. Januar 2015)

[29] Vgl. Huesmann, Anette: Monoaminooxidasehemmer - Schweres Geschütz. http://www.focus.de/gesundheit/ratgeber/depression/therapie/antidepressiva/mao-hemmer_aid_16960.html (abgerufen 31. Januar 2015)

hemmen. Dieser Wirkzusammenhang führt meist zu einem Rauschzustand und dementsprechend zu relativ kurzanhaltenden Glücksgefühlen. Das hat aber meist auch zur Folge, dass das Verlangen nach dieser Substanz immer mehr steigt, da das Belohnungszentrum im Gehirn für wenig Aufwand extrem positiv stimuliert wurde. So entsteht einerseits eine Sucht, andererseits aber auch ein Serotoninmangel, zumal durch die Zwangsfreisetzung mehr Serotonin verbraucht wurde als überhaupt hergestellt werden kann. Die Folgen sind klar. Beispiele für solche serotonergen Drogen sind heutzutage Ecstasy, Amphetamin und Kokain. Aber auch Medikamente können nicht alleine eine Depression heilen, da wirklich auch vor allem die Ernährung eine wichtige Rolle spielt. Antidepressiva können lediglich dem Betroffenen Luft verschaffen den Alltag in einer Depression etwas mehr ertragbar zu machen, und vor allem helfen sie dabei das Gleichgewicht der zuständigen Neurotransmitter im Gehirn auf Dauer wieder herzustellen, was die Grundbasis einer solchen Behandlung ist. Aber letztendlich liegt es am Betroffenen selbst, wie sehr er sein Leben umstellt um sich aus dem sinnbildlichen „Loch“ zu befreien. Wie schon erwähnt steht eine gesunde und vor allem tryptophanhaltige Ernährung nahezu an erster Stelle, da ohne sie nur entweder kurzanhaltende Serotoninschübe hervorgerufen werden können (beispielsweise durch Drogen) oder man sich zwar die theoretische Grundlage der Behandlung im Gehirn schafft, aber weitere möglichen Faktoren, die diese Krankheit mit beeinflussen, außen vor lässt (beispielsweise durch den alleinigen Konsum von Medizin). Noch heute untermauern viele Studien die Überzeugung, dass vor allem Ernährung und Depression untrennbar miteinander verbunden sind. Demnach ist die Stimmungslage eines Menschen von mehreren Faktoren abhängig, vielleicht auch noch von einigen, die heutzutage kaum mehr berücksichtigt werden. Aber dennoch ist man aus rein medizinischer und pharmakologischer Sicht mit der Erforschung von solchen Neurotransmittern einen bedeutsamen Schritt weiter in der Bekämpfung solcher psychischen Krankheiten, was sich heute noch in vielen Statistiken widerspiegelt. Fast 90% aller behandelten Patienten erzielten mithilfe eines stationären Konsums von Antidepressiva im Kampf gegen ihre Depressionen bessere Ergebnisse, und rund 75% davon schon nach nur einem Monat. Tendenz steigend.[30]

[30] Vgl. Gleiter, Christoph H. Prof. Dr.; Volz Hans-Peter Dr.; Möller, Hans-Jürgen Prof. Dr.: Serotonin-Wiederaufnahmehemmer. Wissenschaftliche Verlagsgesellschaft mbH Stuttgart. Stuttgart 1999. S.9

Literaturverzeichnis

Antwerpes, Frank Dr. (o.J.)

Enterochromaffine Zelle. http://flexikon.doccheck.com/de/Enterochromaffine_Zelle (abgerufen 26. November 2014)

Baeseler, Jens (o.J.)

Serotoninmangel. http://www.serotoninmangel.net (abgerufen 22. Dezember 2014)

Bergemann, Niels PD Dr. med. Dr. rer. pol. Dipl.-Psych. (2009)

Antidepressiva in der Schwangerschaft. http://www.kup.at/kup/pdf/7919.pdf (abgerufen 31. Januar 2015)

Coon H. (2005)

Possible association between autism and variants in the brain-expressed tryptophan hydroxylase gene (TPH2). http://www.ncbi.nlm.nih.gov/pubmed/15768392 (abgerufen 06. Januar 2015)

Côté, Francine (2003)

Disruption of the nonneuronal tph1 gene demonstrates the importance of peripheral serotonin in cardiac function. http://www.ncbi.nlm.nih.gov/pmc/articles/PMC263847 (abgerufen 01.02.2015)

Frye, Monica Dipl.-Psych. (o.J.)

Serotonin (Gewebshormon, Neurotransmitter). http://www.psychologielexikon.com/266-serotonin-gewebshormon-neurotransmitter (abgerufen 21. Dezember 2014)

Gasteiger, J. Prof. Dr.; (u.a.) (o.J.)

Proteinogene Aminosäuren. http://www2.chemie.uni-erlangen.de/projects/vsc/chemie-mediziner-neu/aminosaeuren/prot-as.html (abgerufen 30. Dezember 2014)

Gensthaler, Brigitte M. (2012)

Lebensbedrohlicher Überschuss. http://www.pharmazeutische-zeitung.de/index.php?id=43232 (abgerufen 22. Dezember 2014)

Gleiter, Christoph H. Prof. Dr.; Volz Hans-Peter Dr.; Möller, Hans-Jürgen Prof. Dr. (1999)

Serotonin-Wiederaufnahmehemmer. Wissenschaftliche Verlagsgesellschaft mbH Stuttgart. Stuttgart 1999.

Gugg, Holger (2011)

Serotonin – Wichtig für körperliche/geistige Gesundheit. http://www.peak.ag/blog/serotonin-%E2%80%93-wichtig-fur-die-korperliche-geistige-gesundheit (abgerufen 26.11.14)

Gumpert, Nicolas Dr. (2014)

Serotonin. http://www.dr-gumpert.de/html/serotonin.html (abgerufen 01. Dezember 2014)

Huesmann, Anette (2014)

Monoaminooxidasehemmer - Schweres Geschütz. http://www.focus.de/gesundheit/ratgeber/depression/therapie/antidepressiva/mao-hemmer_aid_16960.html (abgerufen 31. Januar 2015)

SSRI - Die nächste Generation der Antidepressiva. http://www.focus.de/gesundheit/ratgeber/depression/therapie/antidepressiva/ssri_aid_16962.html (abgerufen 01.02.2015)

Kass, Franz Dr. (2012)

Phenethylamin. http://flexikon.doccheck.com/de/Phenethylamin (abgerufen 29. Januar 2015)

Knapp, Holger (2004)

Serotonin. https://roempp.thieme.de/roempp4.0/do/data/RD-19-02007 (abgerufen 09. November 2014)

Kroeze, A. (1998)

The molecular biology of serotonin receptors: therapeutic implications for the interface of mood and psychosis. http://www.ncbi.nlm.nih.gov/pubmed/9836016?dopt=Abstract (abgerufen 22. Dezember 2014)

Raue, Wiebke (2011)

Serotonin Wirkung. http://www.onmeda.de/anatomie/serotonin-wirkung-16653-2.html (abgerufen 21. Dezember 2014)

Roth, Gerhard (2011)

Bildung braucht Persönlichkeit: Wie Lernen gelingt. Klett-Cotta. 2011. Absatz Neuromodulatoren und Persönlichkeit - Selbstberuhigung

S., Kang (2007)

Characterization of rice tryptophan decarboxylases in serotonin biosynthesis in transgenic rice. http://www.ncbi.nlm.nih.gov/pubmed/17763868 (abgerufen 15. November 2014)

Strobach, Dorothea (2012)

Klinisch relevante Interaktionen zwischen Analgetika und Psychopharmaka. http://www.aerztekammer-bw.de/10aerzte/20fortbildung/20praxis/88arzneimitteltherapie/1203.pdf (abgerufen 31. Januar 2015)

Walther, Diego J.; (u.a.) (2003)

Synthesis of serotonin by a second tryptophan hydroxylase isoform.

http://www.sciencemag.org/content/299/5603/76 (abgerufen 6. Januar 2015)

Autor Unbekannt

(2014): Melatonin-Rezeptor-Agonisten.

http://www.pharmawiki.ch/wiki/index.php?wiki=Melatonin-Rezeptor-Agonisten

(abgerufen 22. Dezember 2014)

Serotonin – Werden Sie zum Meister Ihres Seelenlebens.

(2014): http://www.zentrum-der-gesundheit.de/serotonin-ia.html (abgerufen 22. Dezember 2014)

(o.J.): L-Tryptophan. http://xn--aminosure-02a.org/aminosaeuren/l-tryptophan (abgerufen 30. Dezember 2014)

Anhang

Tryptophanhaltige Lebensmittel

Lebensmittel	gesamtes Protein	L-Tryptophan	Anteil L-Tryptophan an Protein
Soja Bohnen	36,5 %	590mg	1,6 %
Kakaopulver ohne Zucker	19,6 %	293mg	1,5 %
Hähnchenbrust (roh)	21,2 %	267mg	1,3 %
Erbsen (trocken)	24,6 %	266mg	1,1 %
Schwein (roh)	21,0 %	220mg	1,1 %
Lachs (roh)	20,4 %	209mg	1,0 %
Haferflocken	13,2 %	182mg	1,4 %
Walnüsse	15,2 %	170mg	1,1 %
Ei vom Huhn	12,6 %	167mg	1,3 %
ungeschälter Reis	7,9 %	101mg	1,3 %

Quelle: http://xn--aminosure-02a.org/aminosaeuren/l-tryptophan/